Armin Täubner

KINDERSPASS IM FRÜHJAHR

Fensterbilder aus Tonkarton

Von dem bekannten Autor Armin Täubner sind im Handel zahlreiche Titel erhältlich. Hier eine kleine Auswahl:

ISBN 3-7724-2427-9

ISBN 3-7724-2425-2

ISBN 3-7724-2424-4

ISBN 3-7724-2294-2

ISBN 3-7724-2297-7

ISBN 3-7724-2296-9

Zeichnungen: Armin Täubner

Auflage: 5. 4. 3. 2. | Letzte Zahlen maßgebend
Jahr: 2003 2002 2001 2000 1999

Mit 2 Vorlagenbogen

ISBN 3-931568-14-8 · Best.-Nr. 5015
Druck: frechverlag GmbH + Co. Druck KG, 70499 Stuttgart

Wenn der Schnee geschmolzen ist und draußen der Frühling lockt, dann hält die Kinder nichts mehr im Haus. Sie tollen im Garten herum und finden viele Möglichkeiten, sich zu beschäftigen. Lena sitzt zwischen Tulpen unter einem blühenden Strauch, Benni streichelt sein weißes Kaninchen, und Alisa pflückt Blumen. Andere Kinder treffen erste Vorbereitungen für Ostern. Sie holen Eier im Hühnerstall, malen die Eier an und verstecken sie.

Weil die Kinder alle etwa gleich groß sind, können Sie Ihre Fenster zum Tummelplatz für diese fröhliche Kinderschar machen.

ARBEITSSCHRITTE

1. Übertragen Sie alle Motivteile ohne Überschneidungen auf Transparentpapier. Das Transparentpapier wird dann auf einen dünnen Karton geklebt.

2. Schneiden Sie die Teile mit einer Schere oder einem Cutter aus. Das sind Ihre Schablonen.

3. Legen Sie die Schablonen auf den Tonkarton in den gewünschten Farben. Die Umrisse werden mit einem Bleistift nachgezogen.

4. Nun werden die Teile exakt ausgeschnitten.

5. Zum Schluß werden die ausgeschnittenen Teile zusammengeklebt. Die Gesichter, Trennlinien etc. werden mit einem feinen, schwarzen Filzstift aufgemalt.

Damit Vorder- und Rückseite identisch sind, werden die meisten Teile doppelt ausgeschnitten und in derselben Reihenfolge wie auf der Vorderseite, jedoch spiegelverkehrt, angeklebt.

LENA AUF DER TULPENWIESE

Verzieren Sie die weißen Blüten mit gelben Klebepunkten (ø 8 mm), und fixieren Sie diese am Strauch. An Lenas blauem Kleid werden die beiden Hände sowie der linke Ärmel angeklebt. Mit einem schwarzen Filzstift deuten Sie die Knie an. Nun werden die blonde Mähne und der Kopf mit dem aufgemalten Gesicht angebracht. Nachdem der Strauch auf der Wiese befestigt ist, kann sich Lena ins Gras zwischen die Tulpen setzen.

MEIN HÄSCHEN HEISST FRIDOLIN

Legen Sie an den Rumpf (durchgezogene Linie) und das separate Hosenbein (Strich-Punkt-Linie) jeweils einen Schuh an, und kleben Sie den weißen Aufschlag (gestrichelte Linie) auf. Nun wird das separate Hosenbein leicht versetzt von vorne am Rumpf befestigt. Das Häschen verdeckt später die Klebestelle. Bringen Sie den roten Kragen und dann den Kopf an. Ein Ärmel wird von vorne, der andere von hinten angeklebt.

Motivhöhe: ca. 22 cm

Motivhöhe:
ca. 20 cm

SCHLAFE, MEIN HÄSCHEN, SCHLAF EIN

Kleben Sie die Hose samt Schuhen von hinten an den Pullover. Die Hosenbeine und die Schuhe trennen Sie jeweils mit einem schwarzen Filzstiftstrich. Es folgen der blonde Haarschopf, das Gesicht sowie der rechte Ärmel samt Hand. Setzen Sie das bemalte, schlafende Häschen auf Trinchens Bauch, und kleben Sie die linke Hand auf den Hasenrücken. Nun können Sie Trinchen ins Gras legen.

WER SITZT DENN DA AUF MEINEM RÜCKEN?

An der Hose werden von hinten leicht versetzt die beiden Schuhe angebracht. Nun kleben Sie die Hose von hinten an den Pullover. Anschließend wird der Hemdkragen und darauf der bemalte Kopf befestigt. An den Ärmeln werden noch die Hände angeklebt, und dann kann Matti mit dem Entchen auf dem Rücken durchs Gras krabbeln.

FRÄNZCHEN SAMMELT OSTEREIER

Hosenbein, Aufschlag und Schuh werden jeweils zweimal benötigt und leicht versetzt aufeinandergeklebt. An der blauen, bemalten Jacke kleben Sie von hinten den Kopf und von vorne den blonden Haarschopf und den Hut an. Nun können die Hosenbeine, der Ärmel, der Knopf und der Riegel angebracht werden. Und nun kann Fränzchen mit dem Eiersuchen beginnen.

Motivhöhe: ca. 28 cm

SIEH MAL, DIE SCHMETTERLINGE!

Trennen Sie die Hosenbeine mit einem schwarzen Filzstiftstrich. Nun wird die Hose samt Schuh von hinten an der Weste befestigt. Der Kopf wird von hinten, der Haarschopf und die Mütze von vorne angebracht. Jetzt können Sie noch den Ärmel ankleben. Mit kurzen Filzstiftstrichen werden die Nähte angedeutet. Die Knöpfe und die Punkte auf den Schmetterlingen sind Klebepunkte (ø 8 mm).

TIMO MAG OSTERGLOCKEN

Legen Sie den Kopf direkt an den Kragen des Kittels an, und verbinden Sie beides, indem Sie das rote Halstuch aufkleben. Nun wird die braune Lockenpracht auf Timos Kopf befestigt.

Mit einem schwarzen Filzstift malen Sie die Ohrmuschel auf. Anschließend wird der Ärmel samt Hand sowie die Hose samt Schuh am Kittel angebracht.

MÄXCHEN, DER EIERDIEB

Zuerst wird die Mütze auf Mäxchens Kopf befestigt. Kleben Sie den Kopf und den Eierkorb von vorne auf den roten Pullover. Anschließend werden die Hände angebracht. Die Hose samt Schuhen fixieren Sie von hinten am Pullover.

Motivhöhe: ca. 27 cm

DIE SIND ALLE FÜR DICH

Am hellblauen Rumpf werden zuerst die dunkelblauen Aufschläge und die weißen Schuhe befestigt. Nun kleben Sie am ebenfalls hellblauen Armteil (gestrichelte Linie) von hinten die beiden Hände an.

Jetzt wird das Armteil und dann der Kopf am Rumpf angebracht. Schieben Sie das grüne Stengel-Blatt-Teil hinter die Hände, und ordnen Sie zum Schluß die Blüten auf den Stengeln an.

Motivhöhe: ca. 23 cm

NINO HILFT DEM OSTERHASEN

Auf das hellblaue Rumpfteil (durchgezogene Linie) kleben Sie zuerst die dunkelblauen Hosenaufschläge und die Schuhe. Es folgt der weiße Malerkittel samt Kragen (gepunktete Linie) und dreieckigem Kragenausschnitt (durchgezogene Linie). Anschließend befestigen Sie Ninos bemalten Kopf. Die beiden Kartonteile des Papierhuts werden mit Zeitungspapier beklebt. An den beiden Ärmelaufschlägen werden von hinten die Hände zusammen mit Pinsel und Ei angeklebt. Nun können Sie die Ärmelaufschläge am Kittel anbringen. Und jetzt werden mit bunten Filzstiften Flecken und Farbkleckse aufgemalt.

Motivhöhe: ca. 29 cm

MINA HINTERM GARTENZAUN

Kleben Sie auf den blauen Rumpf das weiße Schürzchen und die Schuhe.

Anschließend wird der bemalte Kopf angeklebt. Stellen Sie Mina hinter den Zaun. Nun kann der Zaun samt Mina auf die Wiese geklebt werden. Vor dem Zaun wachsen Osterglocken.

Motivhöhe: ca. 29 cm

BENNI UND SEIN HÄSCHEN

Befestigen Sie zuerst Bennis Kopf und die Schuhe an seinem Rumpf. Nun können die weißen Ärmel angebracht werden, dabei wird der linke Ärmel nur an der Schulter angeklebt, damit später das Häschen daruntergeschoben werden kann. Zum Schluß befestigen Sie noch Bennis Hände.

Motivhöhe: ca. 21 cm

FRISCH GESCHLÜPFT

Am Oberteil werden mit einem geschwarzen Filzstift die Nähte aufgezeichnet. Nun befestigen Sie von hinten die Hand am Ärmel und dann den Kopf am Kragen. Der Haarschopf wird zwischen Kopf und Hand geschoben und angeklebt. Wenn Sie die Schuhe angebracht haben, kann sich das Mädchen zu dem Küken ins Gras legen.

Motivhöhe:
ca. 20 cm

EIN GUTES VERSTECK

Fixieren Sie den halbkreisförmigen, roten Oberkörper zwischen den beiden Tragegriffen des Korbes. Nun können am oberen Korbrand die beiden Hände angebracht werden. Von den zwei großen Tulpengrünteilen wird eines von hinten am Korb befestigt. Das andere kleben Sie zusammen mit dem einzelnen Tulpenstengel von vorne auf den Korb. Jetzt erhält der kleine Lausbub seinen bemalten Kopf, bevor abschließend die Blüten angebracht werden.

Motivhöhe: ca. 23 cm

ALLES GEPUNKTET

Kleben Sie zuerst den Ärmel samt Hand an den Rumpf. Anschließend legen Sie den Kopf und den Schuh direkt an den Rumpf an und kleben den blonden Haarschopf sowie den Hosenaufschlag an. Zum Schluß bekommt Lisa ihren Schnuller.

Motivhöhe:
ca. 24 cm

DARF ICH DAS EI NEHMEN?

An der roten Jacke wird von vorne der Ärmel und von hinten die Hose befestigt. Nun kleben Sie ebenfalls von hinten den Kopf und von vorne den schwarzen Haarschopf an.

ANJA HAT DAS NEST GEFUNDEN

An der Hose werden von vorne die Aufschläge und die Schuhe angebracht. Befestigen Sie die Hose von hinten am Pullover. Nun wird von vorne der Kragen und darauf der Kopf mit dem aufgemalten Gesicht angebracht. Erst jetzt kleben Sie von hinten den schwarzen Haarschopf an. Abschließend werden die Eier und die Hände auf den Pullover geklebt.

Motivhöhe: ca. 25 cm

ZWEI TULPEN FÜR MUTTI

Am weißen Ärmelteil wird von hinten die linke Hand befestigt. Kleben Sie das Ärmelteil auf die blaue Hose. Nun werden die Schuhe und die Hosenträger angebracht. Die Knöpfe sind weiße Klebepunkte (ø 12 mm). Jetzt kann Tinos Kopf angeklebt werden. Darauf setzen Sie die Haare sowie die Mütze. Unter die linke Hand schieben Sie die blattlose Tulpe. Die andere Tulpe wird direkt auf die Hose geklebt. Zum Schluß befestigen Sie die rechte Hand. Auf der Titelseite sehen Sie eine farbliche Variante dieses Motivs.

Motivhöhe: ca. 25 cm

ALISA PFLÜCKT BLUMEN

Die roten Schuhe werden bündig an die Hosenbeine angelegt und gemeinsam mit den gelben Hosenaufschlägen aufgeklebt. Befestigen Sie Hose und Kopf von hinten am gelben Kittel. Setzen Sie nun den Hut auf Alisas Kopf. Am Ärmel wird die Hand samt Aufschlag und Blumen angebracht, bevor er am Kittel angeklebt wird. Narzissen und Schmetterlinge werden mit Klebepunkten (ø 8 und 12 mm) verziert.

Motivhöhe: ca. 26 cm

DAS RIESENGROSSE OSTEREI

Auf Manuels Rumpf kleben Sie zuerst das Armteil (gestrichelte Linie) und darauf den Kopf. Das rote Ei wird mit 1 cm breiten, gelben Streifen verziert. Nun kann Manuel das Riesenei in die Hände gelegt werden.

Motivhöhe: ca. 24 cm